Hello, happy to see you here.
I'm BB, aka Bead Baby.

Practicing is the key to a better Abacus skill.

You can practice your abacus and mental math skills with all the exercise books we prepare for you.

Little Friends Exercises

Go! Go! Go!

Text and pictures copyright © 2019 by Sheena Chin & Yuenjo Fan

All rights reserved.

No parts of this book may be used, reproduced, scanned or transmitted in any form or by any means, electronic or mechanical, including photocopying or recording, without written permission from the publisher.

For information address PinGrow Media, contact@pingrow.com

ISBN-13: 978-1-949622-07-2

Visit www.pingrow.com

Formula + 1 = + 5 - 4 Exercises

1	2	3	4	5	6	7	8
4	14	24	34	44	54	64	74
1	1	1	1	1	1	1	1

1	2	3	4	5	6	7	8	9	10
2	1	3	10	11	2	1	12	21	23
2	3	1	4	3	12	13	2	3	1
1	1	1	1	1	1	1	1	1	1

Formula - 1 = - 5 + 4 Exercises

1	2	3	4	5	6	7	8
5	15	25	35	45	55	65	75
-1	-1	-1	-1	-1	-1	-1	-1

1	2	3	4	5	6	7	8	9	10
8	6	7	9	16	17	18	19	26	28
-3	-1	-2	-4	-1	2	-3	-4	-1	-3
-1	-1	-1	-1	-1	-1	-1	-1	-1	-1

Little Friends +1, -1

1	2	3	4	5	6	7	8	9	10
1	5	3	2	8	6	1	9	7	4
2	-1	1	2	-3	2	1	-5	-1	1
1	-1	1	1	-1	-3	2	1	-1	2
1	-1	1	2	5	-1	1	1	-1	-5

11	12	13	14	15	16	17	18	19	20
11	12	15	17	18	16	13	14	19	19
2	2	-1	-2	1	2	1	1	-5	-4
1	1	-10	-1	-5	-3	1	3	1	-1
1	-5	1	-10	1	-1	-10	-2	-5	-2

21	22	23	24	25	26	27	28	29	30
22	24	27	36	39	43	45	55	51	58
12	11	-15	-21	-15	-21	-31	-11	-11	-13
11	-21	22	-11	11	12	11	-22	15	-21
-25	-12	-11	31	-21	11	-21	12	-11	11

Formula + 4 = + 5 - 1 Exercises

1	2	3	4	5	6	7	8
1	2	3	4	11	12	13	14
4	4	4	4	4	4	4	4

1	2	3	4	5	6	7	8	9	10
2	1	1	6	7	8	9	11	12	13
2	3	1	-5	-5	-5	-5	2	-1	-1
4	4	4	4	4	4	4	4	4	4

Formula - 4 = - 5 + 1 Exercises

1	2	3	4	5	6	7	8
5	6	7	8	15	16	17	18
-4	-4	-4	-4	-4	-4	-4	-4

1	2	3	4	5	6	7	8	9	10
9	6	7	9	8	7	8	9	9	8
-4	-1	-1	-2	-3	-2	-2	-1	-3	-1
-4	-4	-4	-4	-4	-4	-4	-4	-4	-4

Little Friends +4, -4

1	2	3	4	5	6	7	8	9	10
2	6	7	3	1	5	8	4	9	3
1	-4	-2	5	4	-4	-4	4	-5	1
4	6	-4	-4	1	7	-2	-5	4	4
-5	-4	5	-2	-5	-4	4	4	-3	-5

11	12	13	14	15	16	17	18	19	20
12	15	13	17	11	14	18	11	13	16
4	-4	4	-4	4	4	-4	2	4	-4
-5	7	-5	5	2	-6	-3	4	-5	6
4	-4	4	-4	-1	4	-1	-5	4	-4

21	22	23	24	25	26	27	28	29	30
24	25	26	37	48	55	68	67	78	86
14	-14	-24	-14	-34	-44	-44	-14	-24	-34
-11	16	16	24	14	16	24	24	-42	-40
-24	-14	-14	-14	-24	-14	-14	-14	14	24

Little Friends 1 & 4

1	2	3	4	5	6	7	8	9	10
1	4	6	9	3	7	2	5	8	6
4	4	-5	-4	4	-4	2	-4	-4	-4
-1	-5	4	-1	-2	1	1	3	1	5
5	4	-1	4	-1	1	-4	1	-4	-4

11	12	13	14	15	16	17	18	19	20
7	3	8	2	4	1	9	7	5	8
1	5	-3	4	1	6	-5	-2	-1	-2
-4	-4	-1	-5	2	-4	1	-4	1	-4
1	1	1	4	-4	1	-4	6	-1	1

21	22	23	24	25	26	27	28	29	30
4	6	2	5	6	11	3	8	1	7
1	1	1	1	-1	4	-2	-5	3	-5
1	-4	4	-4	-4	-1	4	4	1	4
-4	1	1	2	2	5	-1	2	4	1

Little Friends 1, 4 & Big Friends

1	2	3	4	5	6	7	8	9	10
5	3	7	1	4	8	2	9	6	1
-1	1	4	4	6	-7	4	1	5	6
6	1	4	5	-5	4	4	-5	4	8
-4	5	-6	-6	-1	5	-6	-4	-7	-4
-1	-6	5	1	6	-1	1	9	8	9

11	12	13	14	15	16	17	18	19	20
2	8	6	3	7	1	5	9	4	5
5	7	9	-2	8	8	5	2	7	-4
4	-1	-4	4	-1	5	-6	4	4	6
4	8	9	5	6	1	1	-1	-1	-4
-6	-9	-4	-2	-4	-4	5	6	4	7

21	22	23	24	25	26	27	28	29	30
9	1	5	2	8	6	4	7	3	5
-5	7	4	2	-4	-4	8	-4	7	-1
1	7	6	1	1	8	4	8	-2	7
4	-4	-1	5	5	-5	-1	-5	-4	4
6	9	-5	-9	-4	-1	-1	-4	1	-1

Formula + 2 = + 5 - 3 Exercises

1	2	3	4	5	6	7	8
3	4	13	14	23	24	33	34
2	2	2	2	2	2	2	2

1	2	3	4	5	6	7	8	9	10
1	8	9	4	2	9	2	3	1	11
2	-5	-6	-1	1	-5	2	1	3	2
2	2	2	2	2	2	2	2	2	2

Formula - 2 = - 5 + 3 Exercises

1	2	3	4	5	6	7	8
5	6	15	16	25	26	35	36
-2	-2	-2	-2	-2	-2	-2	-2

1	2	3	4	5	6	7	8	9	10
8	6	7	9	8	6	7	9	5	1
-3	-1	-2	-4	-2	-2	-1	-3	1	5
-2	-2	-2	-2	-2	-2	-2	-2	-2	-2

Little Friends +2, -2

1	2	3	4	5	6	7	8	9	10
4	2	1	5	6	8	3	2	9	2
2	1	3	-2	-2	-2	2	2	-3	2
2	2	2	1	-2	-2	1	2	-2	2
-1	2	1	2	1	-1	-2	-1	-1	-5

11	12	13	14	15	16	17	18	19	20
14	15	11	18	12	13	16	19	17	12
2	-2	3	-5	2	2	-2	-5	-2	1
-5	-1	2	2	2	1	-1	2	-2	2
2	5	-5	-5	-1	-2	2	-1	1	1

21	22	23	24	25	26	27	28	29	30
21	24	47	39	28	46	22	25	33	24
13	12	-12	-13	-12	-22	12	-12	12	12
12	-11	-22	-12	-12	12	12	22	-22	-22
-11	-22	11	10	10	-32	-25	-32	15	-11

How to Abacus Exercise   Little Friends

Formula + 3 = + 5 - 2 Exercises

1	2	3	4	5	6	7	8
2	3	4	12	13	14	22	23
3	3	3	3	3	3	3	3

1	2	3	4	5	6	7	8	9	10
1	7	9	4	8	3	2	8	9	2
1	-5	-7	-1	-6	1	1	-5	-6	2
3	3	3	3	3	3	3	3	3	3

Formula - 3 = - 5 + 2 Exercises

1	2	3	4	5	6	7	8
5	6	7	15	16	17	25	26
-3	-3	-3	-3	-3	-3	-3	-3

1	2	3	4	5	6	7	8	9	10
8	6	7	9	8	7	9	9	8	6
-3	-1	-1	-4	-2	-2	-2	-3	-1	-3
-3	-3	-3	-3	-3	-3	-3	-3	-3	-3

Little Friends +3, −3

1	2	3	4	5	6	7	8	9	10
2	1	3	5	7	9	6	8	4	2
3	3	3	−3	−3	−6	−3	−2	3	2
1	3	−1	2	−2	3	1	−3	−2	3
−3	1	−3	3	3	1	−2	1	−3	−1

11	12	13	14	15	16	17	18	19	20
11	17	19	16	15	12	13	14	18	12
2	−5	−4	−3	−3	3	3	3	−3	3
3	3	−3	−2	2	1	−5	−2	−3	2
−5	1	1	1	3	−3	1	−3	1	−1

21	22	23	24	25	26	27	28	29	30
23	25	21	37	49	46	38	24	35	47
23	−13	13	−13	−22	−23	−15	13	−23	−23
−11	12	13	−12	−13	13	13	−12	12	13
−13	23	−15	21	−12	−11	−23	−13	13	−15

Little Friends 2 & 3

1	2	3	4	5	6	7	8	9	10
2	5	4	7	1	3	6	8	9	1
3	-3	2	-2	3	2	-1	-5	-7	1
-2	1	-3	-3	2	1	-2	2	3	3
1	2	2	2	-3	-3	1	-3	-2	-2

11	12	13	14	15	16	17	18	19	20
8	3	6	2	5	4	1	8	7	15
-6	2	1	1	-2	3	2	-3	-5	-3
3	2	-3	2	3	-1	2	-2	3	2
-2	-3	5	-3	1	-2	-3	3	-2	2

21	22	23	24	25	26	27	28	29	30
9	4	5	7	3	6	7	1	2	18
-4	-2	2	-2	1	-1	-2	3	5	-13
-3	3	-3	-3	3	-3	-2	2	-3	-3
1	-2	2	1	1	2	3	-3	2	6

Little Friends 2, 3 & Big Friends

1	2	3	4	5	6	7	8	9	10
3	5	9	1	4	8	2	6	3	7
2	-2	3	2	3	-6	3	-2	3	-3
5	7	3	2	-5	3	3	6	5	6
-6	-6	-2	5	3	5	9	-7	-8	-8
7	8	9	-4	5	-1	-8	2	2	3

11	12	13	14	15	16	17	18	19	20
8	5	3	7	1	4	6	2	9	3
5	-2	3	8	6	2	-2	1	3	9
2	3	-2	-3	5	-3	6	3	3	3
-3	4	5	-9	3	7	-5	5	-9	-2
-9	-8	6	2	-2	-9	-3	-9	-2	-9

21	22	23	24	25	26	27	28	29	30
4	9	6	8	5	2	7	1	3	4
3	4	-3	4	-3	2	9	5	2	8
5	2	2	-9	9	6	-2	-2	4	3
3	-3	5	2	-8	-5	-5	8	8	-2
-6	-8	-7	-3	2	-2	4	3	-3	7

Big Friends & Little Friends

1	2	3	4	5	6	7	8	9	10
6	2	8	5	3	9	4	1	7	6
5	3	7	-2	4	6	1	9	-3	-2
-7	5	-3	8	3	-4	-3	-5	7	1
1	-8	8	4	-6	-7	8	-1	-9	5
-3	3	-9	-7	1	1	-6	6	8	-4

11	12	13	14	15	16	17	18	19	20
5	4	6	9	2	7	1	8	4	3
5	9	9	7	9	5	4	8	8	7
-8	2	-1	4	4	-8	5	-3	3	-5
3	-7	6	-8	-3	1	-6	7	-1	-4
-2	2	-8	3	8	-2	1	-9	6	9

21	22	23	24	25	26	27	28	29	30
28	33	17	52	65	74	96	59	11	23
-14	22	19	18	-24	17	-73	19	15	32
46	-11	-14	-37	19	-88	32	-34	-22	-11
-15	16	-18	22	-38	52	15	21	47	17
-21	-19	46	-41	13	-14	-39	-32	-19	-38

Big Friends & Little Friends

1	2	3	4	5	6	7	8	9	10
5	2	8	4	1	3	7	9	2	6
2	1	-4	2	6	2	5	3	2	4
3	7	9	5	8	-1	3	-8	7	-9
-4	-6	2	-8	-9	7	-4	1	-8	4
-2	1	-7	7	-4	-8	-9	-2	2	-3

11	12	13	14	15	16	17	18	19	20
9	3	7	1	5	8	2	4	6	3
2	4	3	8	5	8	3	3	5	1
4	8	-6	6	-8	-3	-4	3	-7	7
-8	-9	8	-3	3	7	9	-5	2	4
-3	-2	3	2	-1	-9	-6	-1	4	-6

21	22	23	24	25	26	27	28	29	30
66	12	54	23	88	55	31	27	79	45
-32	38	11	27	-65	-21	17	28	18	-14
21	-25	25	-22	27	23	27	-16	-43	19
-13	-13	-46	-14	-15	13	-34	43	16	-36
18	48	11	41	-21	-28	-19	13	-24	22

Big Friends & Little Friends

1	2	3	4	5	6	7	8	9	10
4	5	8	3	2	8	4	8	7	5
8	4	5	8	3	4	2	7	8	3
3	-6	2	4	-4	3	5	-9	-4	2
-9	7	-3	-8	3	-1	-8	-2	6	-9
-2	-1	2	-3	6	7	4	6	-9	4

11	12	13	3	15	16	17	18	19	20
7	3	6	1	7	5	2	4	8	3
3	4	-2	4	-4	2	4	1	4	3
-9	8	9	5	8	-3	5	-2	3	5
4	-7	4	-1	9	6	-9	7	-1	-8
5	8	4	-2	-6	-8	3	-8	7	4

21	22	23	24	25	26	27	28	29	30
52	21	25	43	24	56	18	14	27	53
18	34	13	16	24	-23	24	29	15	19
-26	24	-27	-22	17	27	14	12	24	24
14	16	34	-14	-19	19	-43	-28	-32	-72
23	-49	12	27	-32	11	62	-16	16	58

Big Friends & Little Friends

1	2	3	4	5	6	7	8	9	10
2	6	3	5	4	8	1	7	4	9
3	4	3	3	3	-4	4	4	6	-6
5	-7	4	7	8	9	4	4	4	4
-7	4	-8	-4	-2	8	7	-2	3	-7
6	3	-2	-9	8	-7	-9	7	-8	8

11	12	13	14	15	16	17	18	19	20
8	6	3	4	5	4	7	2	3	4
7	-2	2	4	5	6	-3	4	7	3
-3	7	4	9	-7	-3	8	9	-4	9
4	4	-6	-3	4	-4	6	-8	-3	-2
4	-7	7	1	-6	6	3	-3	9	-9

21	22	23	24	25	26	27	28	29	30
23	17	38	65	76	44	53	32	68	24
44	28	24	25	-42	13	14	25	25	34
25	-24	14	-46	-18	28	28	14	-46	14
-56	-16	-42	14	23	-39	-86	-46	25	-33
-13	45	57	22	15	-22	42	34	13	27

Big Friends & Little Friends

1	2	3	4	5	6	7	8	9	10
3	2	8	2	6	9	4	6	8	3
4	8	9	9	-2	4	3	5	2	9
5	-6	-4	-6	7	-6	4	-3	-3	4
-7	3	-7	1	4	8	-5	4	-4	-7
3	3	9	5	-7	-1	9	-7	7	-6

11	12	13	14	15	16	17	18	19	20
2	7	3	8	1	4	5	7	6	4
4	-4	8	-6	4	4	-1	3	-4	3
4	3	4	4	3	5	8	-2	8	5
-9	9	-6	4	4	-8	3	7	-2	-7
7	-6	3	-2	-7	-2	-4	-4	-4	-2

21	22	23	24	25	26	27	28	29	30
25	74	36	68	53	47	22	54	58	34
35	17	19	27	14	-24	24	36	-14	39
-17	-46	-31	-61	28	19	15	-27	36	-28
-28	-22	-18	-17	-37	-36	-26	-46	-27	-22
43	27	34	28	14	44	25	28	23	17

Big Friends & Little Friends

1	2	3	4	5	6	7	8	9	10
6	7	4	3	2	9	1	8	4	3
5	8	8	7	4	4	4	8	9	4
4	-9	-6	-6	5	-8	-2	-4	-8	4
-2	5	-4	2	-9	-2	8	-7	-1	-6
-9	-6	9	4	8	7	-6	5	3	5

11	12	13	14	15	16	17	18	19	20
4	5	3	7	6	3	9	6	4	7
3	-2	8	-3	4	4	4	5	7	8
4	9	-3	9	-8	8	2	-8	-6	-9
-6	-7	9	-6	4	-6	-3	4	-3	-4
2	-1	-4	4	4	9	-7	3	9	3

21	22	23	24	25	26	27	28	29	30
59	22	78	44	48	33	42	57	26	35
25	34	15	23	27	44	18	24	39	25
-28	14	-47	25	-33	-23	-23	-16	-28	-46
19	-37	24	-36	-26	-17	34	-42	14	64
-31	-16	-13	29	34	35	-46	67	-36	-22

Big Friends & Little Friends

1	2	3	4	5	6	7	8	9	10
8	3	7	2	5	4	6	9	1	3
-4	2	9	8	-4	7	-3	9	5	2
6	-1	-4	-7	9	-8	2	-4	-2	-1
-5	6	-8	2	-8	2	5	1	7	7
-1	-9	6	-1	3	-1	-9	-2	9	-8

11	12	13	14	15	16	17	18	19	20
6	2	4	3	8	5	1	7	9	5
-2	8	1	7	-5	-1	7	8	8	-4
1	-5	5	-2	7	3	7	-6	-3	9
-3	-3	-6	-4	-5	3	-4	3	6	-6
8	8	1	1	-1	-8	-9	3	-4	2

21	22	23	24	25	26	27	28	29	30
49	23	27	41	15	68	52	14	36	13
22	34	33	18	25	28	23	23	35	21
14	18	-26	26	-18	-73	-44	33	-27	17
-38	-39	18	-43	43	27	19	-25	12	24
-23	-12	13	14	-21	-39	-26	-11	24	-36

Big Friends & Little Friends

1	2	3	4	5	6	7	8	9	10
2	1	5	3	4	6	8	4	7	3
8	4	3	6	4	-3	4	9	-3	9
-6	4	-7	-2	7	7	4	2	4	4
4	6	4	-4	-9	9	-3	-8	5	-2
3	-9	2	7	-2	1	2	-6	-6	8

11	12	13	14	15	16	17	18	19	20
3	7	8	5	6	4	3	2	8	4
4	8	4	5	4	3	4	5	5	4
5	-4	4	-6	-8	8	8	4	-6	4
-6	-6	-2	4	3	-9	-6	-6	5	-3
-3	5	7	2	5	-2	2	4	3	7

21	22	23	24	25	26	27	28	29	30
48	66	33	14	25	24	74	32	33	14
23	-42	32	34	35	27	-39	44	17	33
-46	27	24	24	-17	-36	-24	19	-26	29
-14	24	-46	-37	-28	-14	39	-38	-19	-23
54	-37	17	-11	55	49	21	-23	45	-17

Big Friends & Little Friends

1	2	3	4	5	6	7	8	9	10
5	4	6	8	3	7	2	4	8	4
5	6	9	7	4	-4	4	6	-4	9
-2	-5	-1	-1	8	9	5	-3	6	-8
5	-2	-8	-7	-7	-6	-6	-3	-7	-2
-7	7	4	8	4	4	5	1	3	7

11	12	13	14	15	16	17	18	19	20
9	2	8	4	8	3	2	7	6	5
5	4	5	3	7	4	8	4	9	5
-8	4	-7	5	-3	5	-3	-6	-8	-6
9	-7	4	-6	-6	-7	4	-2	4	4
-1	2	-3	9	4	5	-6	7	4	-2

21	22	23	24	25	26	27	28	29	30
46	27	54	63	32	29	51	48	44	74
25	28	28	17	34	23	24	18	39	-39
14	-19	-16	-26	-43	-17	-33	-24	-28	23
-32	35	-44	32	-18	-22	18	-16	-14	13
-38	-46	29	-59	45	37	-46	33	23	-46

Big Friends & Little Friends

1	2	3	4	5	6	7	8	9	10
8	3	7	2	5	4	6	9	1	3
-4	2	9	8	-4	7	-3	9	5	2
6	-1	-4	-7	9	-8	2	-4	-2	-1
-5	6	-8	2	-8	2	5	1	7	7
-1	-9	6	-1	3	-1	-9	-2	9	-8

11	12	13	14	15	16	17	18	19	20
6	2	4	3	8	5	1	7	9	5
-2	8	1	7	-5	-1	7	8	8	-4
1	-5	5	-2	7	3	7	-6	-3	9
-3	-3	-6	-4	-5	3	-4	3	6	-6
8	8	1	1	-1	-8	-9	3	-4	2

21	22	23	24	25	26	27	28	29	30
37	53	76	61	73	45	32	54	28	83
13	24	-22	34	-54	23	24	11	44	13
-39	18	-29	-41	38	-36	25	-22	-27	-75
44	-37	14	-26	29	59	-66	-17	-31	-16
25	28	34	28	-63	-26	44	29	37	45

Answer Key

Formula +1 = + 5 – 4 Exercises p.2

1	2	3	4	5	6	7	8		
5	15	25	35	45	55	65	75		
1	2	3	4	5	6	7	8	9	10
5	5	5	15	15	15	15	15	25	25

Formula – 1 = - 5 + 4 Exercises p.2

1	2	3	4	5	6	7	8		
4	14	24	34	44	54	64	74		
1	2	3	4	5	6	7	8	9	10
4	4	4	4	14	18	14	14	24	24

Little Friends +1, -1 p.3

1	2	3	4	5	6	7	8	9	10
5	2	6	7	9	4	5	6	4	2
11	12	13	14	15	16	17	18	19	20
15	10	5	4	15	14	5	16	10	12
21	22	23	24	25	26	27	28	29	30
20	2	23	35	14	45	4	34	44	35

Formula + 4 = + 5 – 1 Exercises p.4

1	2	3	4	5	6	7	8		
5	6	7	8	15	16	17	18		
1	2	3	4	5	6	7	8	9	10
8	8	6	5	6	7	8	17	15	16

Formula – 4 = - 5 + 1 Exercises p.4

1	2	3	4	5	6	7	8		
1	2	3	4	11	12	13	14		
1	2	3	4	5	6	7	8	9	10
1	1	2	3	1	1	2	4	2	3

Little Friends + 4, - 4 p.5

1	2	3	4	5	6	7	8	9	10
2	4	6	2	1	4	6	7	5	3
11	12	13	14	15	16	17	18	19	20
15	14	16	14	16	16	10	12	16	14
21	22	23	24	25	26	27	28	29	30
3	13	4	33	4	13	34	63	26	36

Little Friends 1 & 4 p.6

1	2	3	4	5	6	7	8	9	10
9	7	4	8	4	5	1	5	1	3
11	12	13	14	15	16	17	18	19	20
5	5	5	5	3	4	1	7	4	3
21	22	23	24	25	26	27	28	29	30
2	4	8	4	3	19	4	9	9	7

Little Friends 1, 4 & Big Friends p.7

1	2	3	4	5	6	7	8	9	10
5	4	14	5	10	9	5	10	16	20
11	12	13	14	15	16	17	18	19	20
9	13	16	8	16	11	10	20	18	10
21	22	23	24	25	26	27	28	29	30
15	20	9	1	6	4	14	2	5	14

Formula + 2 = + 5 – 3 Exercises p.8

1	2	3	4	5	6	7	8		
5	6	15	16	25	26	35	36		
1	2	3	4	5	6	7	8	9	10
5	5	5	5	5	6	6	6	6	15

Formula – 2 = - 5 + 3 Exercises p.8

1	2	3	4	5	6	7	8		
3	4	13	14	23	24	33	34		
1	2	3	4	5	6	7	8	9	10
3	3	3	3	4	2	4	4	4	4

Little Friends + 2, - 2 p.9

1	2	3	4	5	6	7	8	9	10
7	7	7	6	3	3	4	5	3	1
11	12	13	14	15	16	17	18	19	20
13	17	11	10	15	14	15	15	14	16
21	22	23	24	25	26	27	28	29	30
35	3	24	24	14	4	21	3	38	3

Formula + 3 = + 5 – 2 Exercises p.10

1	2	3	4	5	6	7	8		
5	6	7	15	16	17	25	26		
1	2	3	4	5	6	7	8	9	10
5	5	5	6	5	7	6	6	6	7

Formula – 3 = - 5 + 2 Exercises p.10

1	2	3	4	5	6	7	8		
2	3	4	12	13	14	22	23		
1	2	3	4	5	6	7	8	9	10
2	2	3	2	3	2	4	3	4	0

Little Friends +3, - 3 p.11

1	2	3	4	5	6	7	8	9	10
3	8	2	7	5	7	2	4	2	6
11	12	13	14	15	16	17	18	19	20
11	16	13	12	17	13	12	12	13	16
21	22	23	24	25	26	27	28	29	30
22	47	32	33	2	25	13	12	37	22

Little Friends 2 & 3 p.12

1	2	3	4	5	6	7	8	9	10
4	5	5	4	3	3	4	2	3	3
11	12	13	14	15	16	17	18	19	20
3	4	9	2	7	4	2	6	3	16
21	22	23	24	25	26	27	28	29	30
3	3	6	3	8	4	6	3	6	8

Little Friends 2 & 3 p.13

1	2	3	4	5	6	7	8	9	10
11	**12**	**22**	**6**	**10**	**9**	**9**	**5**	**5**	**5**
11	12	13	14	15	16	17	18	19	20
3	**2**	**15**	**5**	**13**	**1**	**2**	**2**	**4**	**4**
21	22	23	24	25	26	27	28	29	30
9	**4**	**3**	**2**	**5**	**3**	**13**	**15**	**14**	**20**

Big Friends & Little Friends p. 14

1	2	3	4	5	6	7	8	9	10
2	**5**	**11**	**8**	**5**	**5**	**4**	**10**	**10**	**6**
11	12	13	14	15	16	17	18	19	20
3	**10**	**12**	**15**	**20**	**3**	**5**	**11**	**20**	**10**
21	22	23	24	25	26	27	28	29	30
24	**41**	**50**	**14**	**35**	**41**	**31**	**33**	**32**	**23**

Big Friends & Little Friends p.15

1	2	3	4	5	6	7	8	9	10
4	**5**	**8**	**10**	**2**	**3**	**2**	**3**	**5**	**2**
11	12	13	14	15	16	17	18	19	20
4	**4**	**15**	**14**	**4**	**11**	**4**	**4**	**10**	**9**
21	22	23	24	25	26	27	28	29	30
60	**60**	**55**	**55**	**14**	**42**	**22**	**95**	**46**	**36**

Big Friends & Little Friends p.16

1	2	3	4	5	6	7	8	9	10
4	**9**	**14**	**4**	**10**	**21**	**7**	**10**	**8**	**5**
11	12	13	3	15	16	17	18	19	20
10	**16**	**21**	**7**	**14**	**2**	**5**	**2**	**21**	**7**
21	22	23	24	25	26	27	28	29	30
81	**46**	**57**	**50**	**14**	**90**	**75**	**11**	**50**	**82**

Big Friends & Little Friends p.17

1	2	3	4	5	6	7	8	9	10
9	10	0	2	21	14	7	20	9	8
11	12	13	14	15	16	17	18	19	20
20	8	10	15	1	9	21	4	12	5
21	22	23	24	25	26	27	28	29	30
23	50	91	80	54	24	51	59	85	66

Big Friends & Little Friends p.18

1	2	3	4	5	6	7	8	9	10
8	10	15	11	8	14	15	5	10	3
11	12	13	14	15	16	17	18	19	20
8	9	12	8	5	3	11	11	4	3
21	22	23	24	25	26	27	28	29	30
58	50	40	45	72	50	60	45	76	40

Big Friends & Little Friends p.19

1	2	3	4	5	6	7	8	9	10
4	5	11	10	10	10	5	10	7	10
11	12	13	14	15	16	17	18	19	20
7	4	13	11	10	18	5	10	11	5
21	22	23	24	25	26	27	28	29	30
44	17	57	85	50	72	25	90	15	56

Big Friends & Little Friends p.20

1	2	3	4	5	6	7	8	9	10
4	1	10	4	5	4	1	13	20	3
11	12	13	14	15	16	17	18	19	20
10	10	5	5	4	2	2	15	16	6
21	22	23	24	25	26	27	28	29	30
24	24	65	56	44	11	24	34	80	39

How to Abacus Exercise

Big Friends & Little Friends p.21

1	2	3	4	5	6	7	8	9	10
11	6	7	10	4	20	15	1	7	22
11	12	13	14	15	16	17	18	19	20
3	10	21	10	10	4	11	9	15	16
21	22	23	24	25	26	27	28	29	30
65	38	60	24	70	50	71	34	50	36

Big Friends & Little Friends p.22

1	2	3	4	5	6	7	8	9	10
6	10	10	15	12	10	10	5	6	10
11	12	13	14	15	16	17	18	19	20
14	5	7	15	10	10	5	10	15	6
21	22	23	24	25	26	27	28	29	30
15	25	51	27	50	50	14	59	64	25

Big Friends & Little Friends p.23

1	2	3	4	5	6	7	8	9	10
4	1	10	4	5	4	1	13	20	3
11	12	13	14	15	16	17	18	19	20
10	10	5	5	4	2	2	15	16	6
21	22	23	24	25	26	27	28	29	30
80	86	73	56	23	65	59	55	51	50

Big Friends

+ 1 = - 9 + 10	- 1 = - 10 + 9
+ 2 = - 8 + 10	- 2 = - 10 + 8
+ 3 = - 7 + 10	- 3 = - 10 + 7
+ 4 = - 6 + 10	- 4 = - 10 + 6
+ 5 = - 5 + 10	- 5 = - 10 + 5
+ 6 = - 4 + 10	- 6 = - 10 + 4
+ 7 = - 3 + 10	- 7 = - 10 + 3
+ 8 = - 2 + 10	- 8 = - 10 + 2
+ 9 = - 1 + 10	- 9 = - 10 + 1

Little Friends

+ 1 = + 5 – 4	- 1 = - 5 + 4
+ 2 = + 5 – 3	- 2 = - 5 + 3
+ 3 = + 5 – 2	- 3 = - 5 + 2
+ 4 = + 5 – 1	- 4 = - 5 + 1

Mixed Friends

+ 6 = - 5 + 1 + 10	- 6 = - 10 + 5 -1
+ 7 = - 5 + 2 + 10	- 7 = - 10 + 5 - 2
+ 8 = - 5 + 3 + 10	- 8 = - 10 + 5 - 3
+ 9 = - 5 + 4 + 10	- 9 = - 10 + 5 - 4